En el principio creó
Dios los cielos...

los planetas

The Bible Tells Me So Press

En el principio creó Dios los cielos...

los planetas

Un libro para niños producido por
The Bible Tells Me So Press

Traducido del inglés.
Título original: In the Beginning God Created...The Planets
(Spanish translation)

PUBLICADO POR
THE BIBLE TELLS ME SO CORPORATION
WWW.THEBIBLETELLSMESO.COM

Primera impresión, febrero 2026.

La Tierra
es muy especial
para Dios y muy
especial para nosotros.

¿Cuán especial es?

Hagamos un viaje
para visitar los otros planetas
en nuestro sistema solar
a fin de ver cómo se comparan
con la Tierra.

Veremos
que Dios hizo de la tierra
el mejor lugar
para vivir.

Nuestra primera parada será
el planeta más cercano al sol.

Mercurio
es el planeta más pequeño
en nuestro sistema solar.
Es sólo un poquito
más grande que
nuestra Luna.

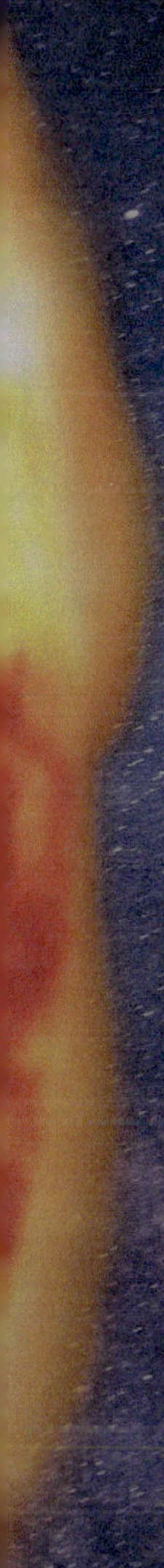

Nada puede vivir en Mercurio.

La poca atmósfera que hay en Mercurio es tóxica.

Durante el día, ¡Mercurio está tan caliente
que puede fundir plomo!

Luego, por la noche, se vuelve súper frío.
Tiene los cambios de temperatura
más extremos de todos los planetas.

¡Mercurio **no** es el lugar para nosotros!

Venus

es un lugar muy complejo
y extraño.

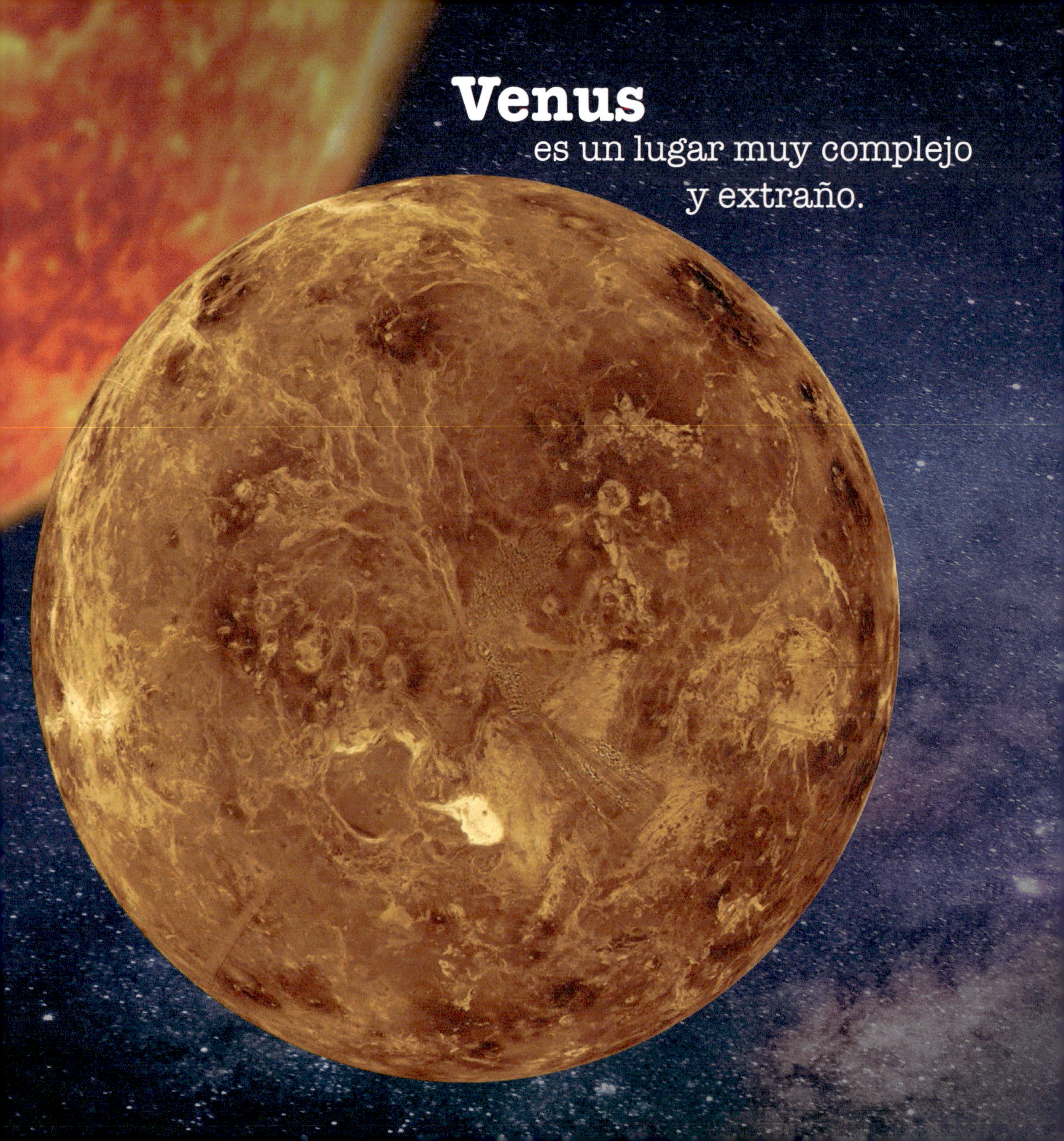

Es

el más caliente

de todos los planetas en nuestro sistema solar.
¡Es incluso más caliente que Mercurio!

Tiene miles de volcanes activos
que producen ríos de lava.

Estos son más largos que cualquier
río de la tierra.

Sería imposible vivir en Venus, no sólo por el calor extremo, los fuertes vientos y la atmósfera tóxica, sino también porque las espesas nubes que cubren el planeta están compuestas de ¡ácido venenoso!

¡Venus tampoco es el lugar para nosotros!

Y ahora visitemos

Marte.

Marte también tiene un clima
muy extremo.
La temperatura normal
en Marte es muy fría.

La fina atmósfera de Marte está compuesta
principalmente de gases venenosos
que no pueden protegerlo
de los rayos dañinos del sol.

Marte también tiene el volcán más grande
de todos los planetas del sistema solar.

Como si eso fuera poco, en Marte también se forman las tormentas de polvo más grandes. ¡Pueden cubrir todo el planeta y durar meses!

Marte podría ser un buen lugar para que un robot
dé vueltas por allí durante un tiempo,

pero Marte **no** es el lugar para nosotros.

Júpiter

es el planeta más grande
en nuestro sistema solar,
pero no es un planeta sólido.
Está compuesto casi por completo
de gases tóxicos.

Júpiter también es muy frío.
En él se forman tormentas grandes y violentas
que aparecen rápidamente
y duran mucho tiempo.

De hecho,
el gran y
arremolinado
círculo rojo en Júpiter
es una enorme tormenta
llamada
"La Gran Mancha Roja".

Existe desde hace
más de 150 años
y su tamaño es dos veces
mayor al de la Tierra.
¡Es una
gran
tormenta!

¡Júpiter **no** es el lugar para nosotros!

Saturno
es el planeta de los
bellos anillos.

Pero también tiene
vientos súper rápidos
y hace mucho frío allí.

Los anillos que rodean Saturno no son sólidos.
Están formados por rocas,
pequeñas partículas de polvo y hielo.

Al igual que Júpiter, Saturno no es un planeta sólido.
Está hecho de gases tóxicos,
por lo que es imposible
estar de pie en él
y mucho menos
vivir en él.

¡Saturno **tampoco** es el lugar para nosotros!

Urano

es otro planeta que está
formado por gases tóxicos y
no tiene una superficie sólida.

Se inclina hacia un lado,
gira lateralmente y
rota en sentido contrario
al de los otros planetas.

Es extremadamente frío, tiene fuertes vientos y está completamente cubierto por espesas nubes azules que no sólo son tóxicas, sino que además, ¡huelen a huevos podridos!

Así que, no hay ninguna duda de que Urano no es el lugar para nosotros.

Neptuno

es el planeta más alejado del Sol.

Aunque Urano es a veces más frío que Neptuno,
en promedio, Neptuno es el planeta más frío
del sistema solar.

Neptuno tampoco es un planeta sólido.
¡Tiene una atmósfera tóxica
y también tiene violentas tormentas con
los vientos más recios
del sistema solar!

¡Neptuno
sin duda no es
el lugar para nosotros!

Ahora, volvamos y echemos un vistazo a...

¡La Tierra!

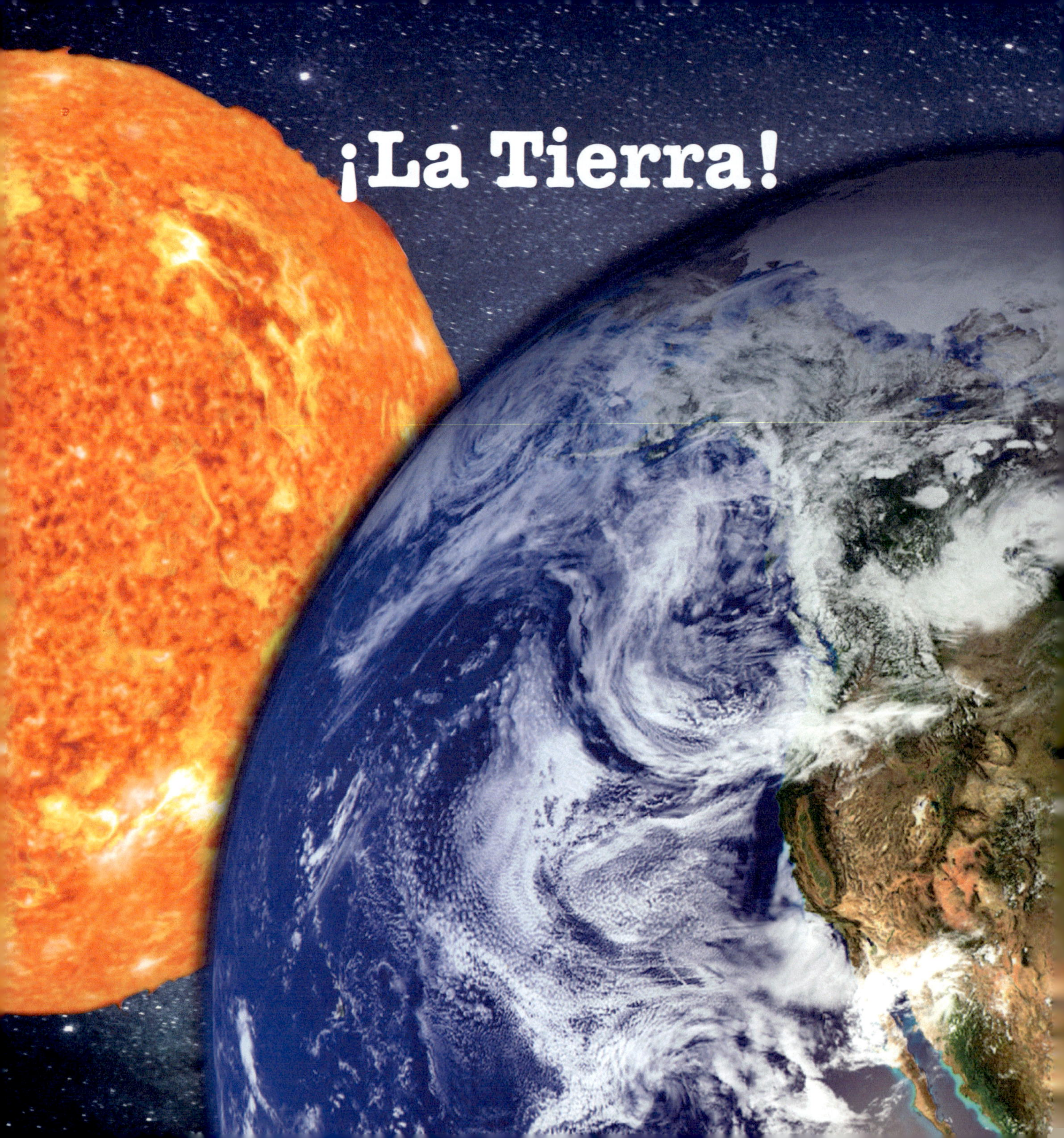

Dios colocó la Tierra a
la distancia perfecta
del Sol para darnos
temperaturas agradables.

La inclinó al
ángulo exacto
para darnos
estaciones
maravillosas.

La hizo
girar a la
velocidad
precisa
para darnos
días
perfectos.

Y Dios dio a la Tierra una
atmósfera hermosa y clara
que nos protege de los rayos dañinos del sol.

La Tierra es **el único planeta** del sistema solar que tiene **oxígeno** y **agua líquida**:

¡y los tiene en abundancia!

Aunque los científicos no han encontrado rastro de vida en ningún otro planeta,

la Tierra está
llena de vida:

¡por todas partes!

Ningún otro planeta se aproxima a ser tan especial, único y asombroso como es la Tierra.

Dios hizo
la Tierra
así a propósito
para
ti
y
para mí.

¡Este
es el lugar para nosotros!

¡Gracias, Señor, por la Tierra!

Porque así dice Jehová...
que formó la tierra y la hizo...
para que fuera habitada...

Isaías 45:18

Para más libros, vídeos,
canciones y manualidades,
visítenos en línea en:
LaBibliadiceasi.com

La Biblia dice así .com ™

¡Crecemos basados en la Biblia!

Made in the USA
Monee, IL
05 November 2026

67380368R00029